BEI GRIN MACHT SICH IHR WISSEN BEZAHLT

- Wir veröffentlichen Ihre Hausarbeit, Bachelor- und Masterarbeit

- Ihr eigenes eBook und Buch - weltweit in allen wichtigen Shops

- Verdienen Sie an jedem Verkauf

Jetzt bei www.GRIN.com hochladen und kostenlos publizieren

Markus Tischler

Nanotechnologie bei Großbauwerken

GRIN Verlag

Bibliografische Information der Deutschen Nationalbibliothek:

Die Deutsche Bibliothek verzeichnet diese Publikation in der Deutschen Nationalbibliografie; detaillierte bibliografische Daten sind im Internet über http://dnb.d-nb.de/ abrufbar.

Dieses Werk sowie alle darin enthaltenen einzelnen Beiträge und Abbildungen sind urheberrechtlich geschützt. Jede Verwertung, die nicht ausdrücklich vom Urheberrechtsschutz zugelassen ist, bedarf der vorherigen Zustimmung des Verlages. Das gilt insbesondere für Vervielfältigungen, Bearbeitungen, Übersetzungen, Mikroverfilmungen, Auswertungen durch Datenbanken und für die Einspeicherung und Verarbeitung in elektronische Systeme. Alle Rechte, auch die des auszugsweisen Nachdrucks, der fotomechanischen Wiedergabe (einschließlich Mikrokopie) sowie der Auswertung durch Datenbanken oder ähnliche Einrichtungen, vorbehalten.

Impressum:

Copyright © 2012 GRIN Verlag GmbH
Druck und Bindung: Books on Demand GmbH, Norderstedt Germany
ISBN: 978-3-656-34293-9

Dieses Buch bei GRIN:

http://www.grin.com/de/e-book/207185/nanotechnologie-bei-grossbauwerken

GRIN - Your knowledge has value

Der GRIN Verlag publiziert seit 1998 wissenschaftliche Arbeiten von Studenten, Hochschullehrern und anderen Akademikern als eBook und gedrucktes Buch. Die Verlagswebsite www.grin.com ist die ideale Plattform zur Veröffentlichung von Hausarbeiten, Abschlussarbeiten, wissenschaftlichen Aufsätzen, Dissertationen und Fachbüchern.

Besuchen Sie uns im Internet:

http://www.grin.com/

http://www.facebook.com/grincom

http://www.twitter.com/grin_com

Seminararbeit

- Nanotechnologie bei Großbauwerken -

Markus Tischler, Q12 – W-Seminar Physik

Inhaltsverzeichnis

1. Einleitung 3

2. Ultra High Perfomance Concrete (UHPC) 4
   2.1 Definition, Zusammensetzung und physikalische Eigenschaften von UHPC 4
   2.2 Anwendungsmöglichkeiten des UHPC in Theorie und Realität 7

3. Selbstreinigende und umweltfreundliche Oberflächen
   3.1 Selbstreinigung durch Ausnutzung des Lotus-Effekts 10
   3.2 Weitere Beispiele für intelligente Nanooberflächen 13

4. Fazit zur Bedeutung der Nanotechnik bei Großbauwerken mit Zukunftsausblick......15

A. Bilder, Diagramme und Abbildungen 18
B. Abbildungsverzeichnis 21

1. Einleitung

Beim Bau eines Wolkenkratzers steht der jeweils leitende Bauingenieur zunächst vor Grundfragen wie: *Wie wird erreicht, dass das Gebäude auch bei schwersten Stürmen nicht umfällt?* oder *Wie können wir unsere Baustelle möglichst sicher gestalten?*. Diese Probleme werden z.b. durch die Methoden der Statik und Mathematik gelöst.
Allerdings präsentieren sich dem leitenden Bauingenieur im Anschluss weitere Vorgaben und Hürden, mit deren Lösung sich die Nanotechnologie beschäftigt.
Unter anderem diese Wissenschaft, die sich mit den kleinen Teilchen mit einer maximalen Größe von 100 Nanometern, was $10^{-7} m$ entspricht, beschäftigt, ermöglicht es, klimafreundlich, ästhetisch und zweckgemäß zu bauen.
Dass sie trotz ihres noch sehr geringen Alters ein zuverlässiges, praktisches Arbeiten und Anwenden ermöglicht, zeigen sowohl zahlreiche Einflüsse von Wissenschaften wie der Physik und der Chemie auf die Nanotechnologie, als auch die vielfältige Anwendung von Nanotechnik in unserem Leben.
So wird Nanotechnologie beispielsweise in der Lebensmitteltechnologie eingesetzt, um Trinkwasser zu reinigen. Auch können Getränke gefärbt werden, um einen besonderen ästhetischen Anreiz zu verschaffen.
Des Weiteren findet Nanotechnik Anwendung in der Medizin, wie zum Beispiel bei der Krebstherapie oder dem so genannten *Tissue Engineering*, also der Gewebezüchtung.
Auch in Computern, Kleidung und Brillengläsern kommen Nanomaterialien zum Einsatz.
Letztendlich konnte die Nanotechnik, die erst in der zweiten Hälfte des 20. Jahrhunderts wirklich bekannt wurde, auch den Bereich des Bauwesens erobern. Heute erfüllt sie dabei vielfältige Aufgaben, sodass sie in zahlreichen riesigen Gebäuden, wie z.B. Wolkenkratzern, vorhanden ist – auch wenn man sie nicht sieht.
Im Folgenden sollen Zielsetzungen und Funktionsprinzipien der Nanotechnologie bei Großbauwerken anhand von verschiedenen Beispielen beleuchtet werden. Dabei werden zum einen ihre Vorteile genannt, gezeigt und erläutert, aber auch mögliche Probleme aufgezeigt und Bezug auf den aktuellen Stand der Technik genommen.

2. Ultra High Performance Concrete (UHPC)

2.1 Definition, Zusammensetzung und physikalische Eigenschaften von UHPC

UHPC ist ein besonders harter Beton, welcher sowohl in feiner als auch in grobkörniger Konsistenz existiert und dessen vielfältige Anwendungsmöglichkeiten aus besonderen physikalischen Eigenschaften resultieren. Diese Eigenschaften wiederum ergeben sich durch die besondere Zusammensetzung des Betons. Die so genannte *Kasseler Mischung* (vgl. Anhang, **Abbildung 6**) besteht neben den Grundkomponenten Zement und Wasser aus den mikroskopisch kleinen Materialien Basaltsand, Quarzmehl und Silikastaub. Zusätzlich werden dem Ultrahochleistungsbeton Stahlfasern beigemischt, um die *Druckfestigkeit* des Baustoffes weiter zu erhöhen und ihn besser verformbar zu machen. Diese *Druckfestigkeit* „ist der Widerstand, den dieser [der jeweilige Gegenstand] einer einwirkenden Kraft entgegensetzen kann, ohne zu versagen. Die Druckfestigkeit ist der Quotient aus einwirkender Kraft und belasteter Fläche. Sie wird in $\frac{N}{mm^2}$ bzw. MPa angegeben" ([6] vom 25.10.2012, 17:34) und nimmt bei Ultra High Performance Concrete einen Wert von ca. 150 bis 230 $\frac{N}{mm^2}$ an, womit er sich dem von Stahl (ab 250 $\frac{N}{mm^2}$) annähert.

Wie aber lässt sich diese hohe Druckfestigkeit des Materials erreichen? Grundlegend hierfür ist, dass poröse Materialien zu einer geringeren Druckfestigkeit führen, was bedeutet, dass die Porosität des Hauptausgangsstoffes – bei UHPC wie bereits erwähnt der Zement – möglichst gering gehalten werden soll.

Um eine möglichst kleine Porosität zu erreichen, wird der so genannte *Wasser-/Bindemittelwert* (kurz: W/B-Wert) auf ein Minimum gesenkt.

Dieser W/B-Wert ist das „Verhältnis der im Zementleim enthaltenen Mengen an Wasser und Zement (in kg)" (**[8]** vom 25.10.2012, 17:37), das mathematisch durch die Formel

$$W/B = \frac{Masseteile\ Wasser}{Masseteile\ Bindemittel}$$

ausgedrückt wird. Das Bindemittel stellt im Falle von Beton in der Regel der Zement dar.

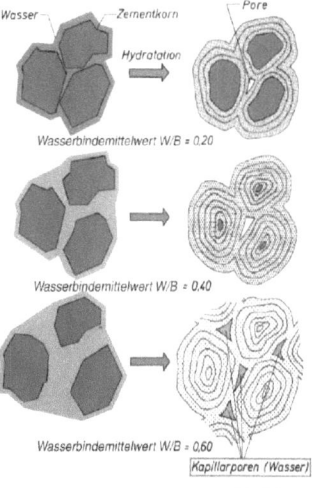

Hydratation ist der Begriff für die Reaktion des Bindemittels Zements mit dem Wasser. Liegt der Wasseranteil über dem zur vollständigen Hydratation nötigen W/B-Wert von ca. 0,4, verschmilzt das Wasser nicht komplett mit dem Zement und verbleibt in den *Kapillarporen*.

Nach der Verdunstung des Wassers befindet sich dort nur noch Luft, was sich ungünstig auf die Festigkeit des Betons auswirkt.

Bei UHPC wird der W/B-Wert wie im obigen Teil der Abbildung 1 auf einen Wert von ca. 0,20 gesenkt.

Abbildung 1

Der größte Nachteil an einem so geringen Wasser-/Bindemittelwert liegt darin, dass sich der Beton so, ähnlich einem Gestein, schlecht verarbeiten lässt. Aus diesem Grund werden dem UHPC äußerst leistungsfähige Fließmittel, die zumeist auf der Basis von Polycarboxylaten und Polycarboxylatethern produziert werden, hinzugefügt.

Der nanotechnologische Aspekt bei ultrahochfestem Beton liegt dann insbesondere bei der Erhöhung des Anteils von *Feinstkörnern* wie dem Silikastaub. Diese kleinen Staubkörnchen setzen sich in ggf. noch kleinen vorhandenen Poren ab und erhöhen so die Druckfestigkeit zusätzlich. (sinngemäß nach: *Fehling, Ekkehard / Schmidt, Michael / u.a.; 2005, S. 6/7.*)

Neben der Druckfestigkeit spielt allerdings auch die *Zugfestigkeit* eines Baumaterials eine wichtige Rolle. Die Zugfestigkeit ist jener „Werkstoffkennwert, der die maximal erreichte Zugkraft bezogen auf den ursprünglichen Querschnitt des Materials angibt" (**[9]** vom 25.10.2012, 17:42*)*, die Einheit der Zugfestigkeit lautet $\frac{N}{mm^2}$.

Zur Untersuchung der Zugfestigkeit von Ultrahochfestem Beton führte das Fraunhofer Institut *Hopkinson-Bar-Versuche* (vgl. Anhang, **Abb. 7**) durch. Das Institut arbeitete dabei mit hohen Zuggeschwindigkeiten und einer Dehnrate von 180s⁻¹. (vgl. **[10]**)

Bei diesem Hopkinson-Bar-Versuch wird das Probematerial einer Stoßbelastung ausgesetzt. Am Ende der Probe wird diese Stoßbelastung reflektiert, wodurch Zugspannungen im Material entstehen. Diese Zugspannungen hält der UHPC-Probekörper ab einem bestimmten Zeitpunkt nicht mehr aus, man spricht dann von der *Fragmentierung* (vgl. Anhang, **Abb. 8**) bzw. *Spallation* des Materials.

Aus oben erwähnter Versuchsreihe ergab sich folgendes Diagramm, welches die Zugfestigkeit des Ultrahochleistungsbetons in Abhängigkeit von der Druckfestigkeit des Materials angibt. (Informationen zum Versuch: vgl. **[10]**)

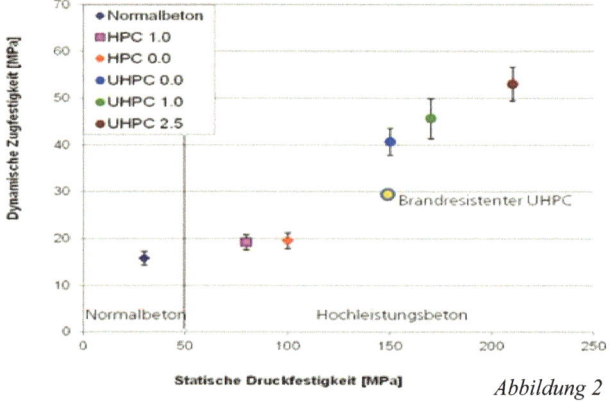

Abbildung 2

Aus Abbildung 2 wird ersichtlich, dass die dynamische Zugfestigkeit in der Regel mit der statischen Druckfestigkeit zunimmt, sodass der modernste Ultrahochleistungsbeton – der UHPC 2.5 – eine dynamische Zugfestigkeit von fast 55 MPa bzw. 55 $\frac{N}{mm^2}$ erreicht. Das bedeutet, dass auf jeden mm² des Durchschnitts eines Körpers aus UHPC eine Kraft von 55 Newton wirken kann. Im Vergleich dazu können auf einen mm² Normalbeton lediglich in etwa 16 Newton wirken, was einer Abnahme der Zugfestigkeit um 70,9 % im Vergleich zum UHPC entspricht.

2.2 Anwendungsmöglichkeiten des UHPC in Theorie und Realität

Die im vorherigen Textabschnitt erläuterten Eigenschaften des UHPC können um weitere Vorteile erweitert werden. Ultrahochfester Beton weist aufgrund hoher Druck- und Zugfestigkeitswerte nicht nur einen hohen Grad an Stabilität auf, sondern stellt zudem einen brandresistenten Baustoff dar – eine Eigenschaft, die insbesondere bei modernen Wolkenkratzern eine hohe Relevanz hat. Denn mit zunehmenden Gebäudegrößen wuchs auch die Anzahl von Terroranschlägen, wie zum Beispiel am 11. September 2001, als zwei Flugzeuge in das New Yorker World Trade Center flogen und dabei mehr als 2000 Menschen getötet wurden.

Dies liegt zum einen an den massiven Kräften, die das Gebäude zum Einsturz brachten, zum anderen an der Rauch- und Feuerentwicklung in den Fluchtwegen.

Nach neuen Ideen könnten Wolkenkratzer durch den Einsatz von Ultrahochleistungsbeton sicherer gemacht werden, da er durch seine hohe Brandresistenz und seine weiteren Eigenschaften wie seine hohe Resistenz gegen kraftvolle Stoß-, Explosions-, und Schockwellen das Grundgerüst für einen Rettungsweg im Kern des Hochhauses darstellen könnte.

Dieser Rettungsweg (vgl. Anhang, **Abb. 9 - 11**) würde die Menschen im Hochhaus einerseits eben vor den enormen Kräften, z.B. einer Explosion, andererseits aber auch vor Feuer und Rauch schützen. (vgl. [Dipl.-Ing. Nölden, Markus; Artikel in: Schüßler-Plan report II/08.]*)*

Ein weiterer und noch wichtigerer Aspekt beim Bau von Wolkenkratzern stellt die maximale Höhe des Gebäudes dar. Diese maximal erreichbare Höhe kann durch die Verwendung von UHPC gesteigert werden, da sie – wie die folgende Herleitung zeigt – u.a. von der Druckfestigkeit des verwendeten Betons abhängt.

(1) $\sigma_{max} = \dfrac{F}{A} = R_d$ ($\sigma \to$ mechanische Spannung, F $\to$ Kraft, A $\to$ Fläche, $R_d \to$ Druckfestigkeit)

(2) Einsetzen von F = $\rho \cdot l \cdot b \cdot h$ und A = $l \cdot b$ in (1): $\dfrac{\rho \cdot l \cdot b \cdot h}{l \cdot b} = \rho \cdot h$

($\rho \to$ Rohdichte)

(3) Für die maximale Höhe h_{max} erhält man dann: aus (2) $h_{max} = \dfrac{\sigma_{max}}{\rho} = \dfrac{R_d}{\rho}$

(Formel aus: [Rümmelin, Andreas; Diplomarbeit, 2005, S. 194.])

Aus diesem Zusammenhang folgt also, dass z.b. ein Wolkenkratzer aus einer bestimmten Variante von UHPC mit einer Rohdichte $\rho = 25\,\frac{kN}{m^3} = 2{,}5 \cdot 10^4\,\frac{N}{mm^3}$ und einer Druckfestigkeit $R_d = 220\,\frac{N}{mm^2} = 2{,}2 \cdot 10^8\,\frac{N}{m^2}$ eine theoretische maximale Höhe

$$h_{max} = \frac{2{,}2 \cdot 10^8\,\frac{N}{mm^2}}{2{,}5 \cdot 10^4\,\frac{N}{mm^3}} = 8800m$$

erreicht. Dieser Wert kann allerdings nur in der Theorie korrekt sein, da man hier lediglich das Eigengewicht des Wolkenkratzers berücksichtigen kann, in der Praxis jedoch auch Wind, Personen, Möbel etc. eingerechnet werden müssen.

In der einschlägigen Literatur findet man daher Korrekturfaktoren für die praktische bzw. reelle maximale Höhe, die im Bereich $\frac{1}{5}$ bzw. 20 % liegen (vgl. z.B.: [Rümmelin, Andreas; Diplomarbeit, 2005, S. 194]). In obigem Beispiel wäre also eine maximale Höhe $h_{max,reell} = 0{,}2 \cdot 8800m = 1760m$ möglich. Dennoch sei gesagt, dass auch dieser Wert in den heutigen Zeiten eher theoretischer Natur[1] ist, da die Bauindustrie auch weitere Probleme lösen und berücksichtigen muss und ein Wolkenkratzer nicht nur aus UHPC bestehen kann, sondern auch weitere Bauelemente enthalten muss.

UHPC ist also als Baumaterial für Wolkenkratzer sehr gut geeignet, weil seine Belastbarkeit und seine Brandresistenz zu einem hohen Schutz für Mensch – und nicht zuletzt auch für die Umgebung des Bauwerks – beitragen, wenn auch im Moment noch eher in der Theorie als in der Baupraxis.

Des Weiteren wird UHPC auch im Tunnelbau verwendet. Wieder einmal spielt hier u.a. die hohe Brandresistenz des Betons eine wichtige Rolle, da es bei Verkehrsunfällen häufig auch zu Bränden kommt, die – insofern sie in einem Tunnel stattfinden, in welchem nicht UHPC verwendet wird – verheerende Folgen für alle Beteiligten wie Rettungskräften, Unfallopfern und anderen Autofahrern im Tunnel nach sich ziehen können. Eine Rauchentwicklung und -ausbreitung kann durch die Verwendung des Ultrahochleistungsbetons nicht verhindert werden, jedoch wird eine Ausbreitung des Brandes auf das gesamte Tunnelkonstrukt erschwert.

---

[1] Realistisch und umgesetzt sind heutzutage Höhen von 800 bis 900 Metern.

Außerdem ist zu sagen, dass Bauten aus UHPC nicht so schnell repariert und gewartet werden müssen wie Gebäude aus herkömmlichen Beton. Besonders bei Tunneln ist dies wichtig, da durch umfangreiche Wartungsarbeiten z.b. an einem Autobahntunnel der Verkehr für teilweise mehrere Tage stark behindert wird.

Eben genau aus diesem Grund ist es bedeutend, dass sich nicht bereits nach wenigen Jahren im gesamten Tunnelkonstrukt Risse und andere Schäden bilden, die repariert werden müssten.
Risse sind u.a. eine Folge von einer hohen Zug- oder Druckbelastung. Der normale Beton leistet gegen diese äußeren Einflüsse zwar auch Widerstand, aber nicht so gut wie UHPC, da dessen Zug- und Druckfestigkeitswerte in einem sehr hohen Bereich liegen und so der Fragmentierungsprozess erst bei sehr viel größeren Kraftbeträgen beginnt. Auch ist UHPC in seiner verarbeitungsfähigen Form mit seinen duktilen Stahlfasern[2] weniger spröde als normaler Beton und weist damit zudem eine höhere *Bruchenergie*[3] auf, weshalb UHPC-Bauwerke einen höheren Widerstand gegen Bruchschäden haben als solche aus Normalbeton. (vgl. [10] vom 26.10.2012, 15:30)

Weiterhin wird UHPC auch beim Bau von Brücken angewandt, wie beispielsweise beim Bau der Gärtnerplatzbrücke[4] in Kassel oder der Wild-Brücke in Kärnten. Dabei ist aber zu sagen, dass beim Bau dieser Brücken nicht nur der Vorteile des UHPCs wegen auf Ultrahochleistungsbeton als Baumaterial zurückgegriffen wurde, sondern diese Projekte einen ebenso großen und bedeutenden Forschungscharakter aufweisen.
Allerdings steht fest, dass durch UHPC besonders lange Brücken mit weiter Spannweite gebaut werden können, wobei auch hier im Moment noch eher auf die Zukunft verwiesen werden muss.

---

[2] Ein duktiles Material weist die Eigenschaft einer hohen Duktilität auf, d.h. es lässt sich unter Belastung leicht verformen. (vgl. [17] vom 31.10.2012, 14:23)

[3] Die Bruchenergie stellt den Energiebetrag dar, welcher notwendig ist, um ein Material zum Reißen bzw. Auseinanderbrechen zu bringen. (vgl. [18] vom 31.10.2012, 14:27)

[4] Für weiterführende Informationen zur Gärtnerplatzbrücke, vgl. [19] .

3. Intelligente Gebäudeoberflächen

3.1 Selbstreinigung durch Ausnutzung des Lotus-Effekts

Wie in Kapitel 2.2 errechnet, können durch die Verwendung von UHPC theoretisch Wolkenkratzer bis zu einer Höhe von fast 2000 Metern gebaut werden. Auch wenn dieser Wert heutzutage in der Praxis noch nicht erreichbar ist, gibt es bereits Hochhäuser mit einer Höhe von fast 1000 Metern. Dabei stellt sich die Frage, wie ein solches Gebäude von außen zu reinigen ist.

Bei vielen Wolkenkratzern werden diese Fassaden – es handelt sich dabei zumeist um Glasfassaden – von Menschen gereinigt. Dabei handelt es sich jedoch um ein äußerst kostenintensives und gefährliches Unterfangen. Des Weiteren ist die manuelle Reinigung eines derart hohen Gebäudes natürlich sehr aufwendig und umständlich.

Aus diesen Gründen wurde in der Vergangenheit viel an einer Verbesserung dieses Umstandes gearbeitet, wobei v.a. ein nanotechnologischer Aspekt überzeugte und bei vielen modernen Bauwerken eingesetzt wird. Dabei handelt es sich um die Ausnutzung des so genannten Lotus-Effekts[5], der im Folgenden beschrieben und erläutert wird (vgl. auch Abbildung 3).

Das Grundprinzip dieses physikalischen Phänomens liegt in der Oberflächenstruktur des jeweiligen Stoffes. Die Oberfläche des Materials ist hier mit mikroskopisch kleinen Auswölbungen bzw. Noppen ausgestattet. Diese Noppen führen dazu, dass keine Wassertropfen am Material hängen bleiben können, sie dafür aber abfließen und dabei Schmutzpartikel, die an den Spitzen der Auswölbungen haften, mitnehmen und so die Oberfläche reinigen.

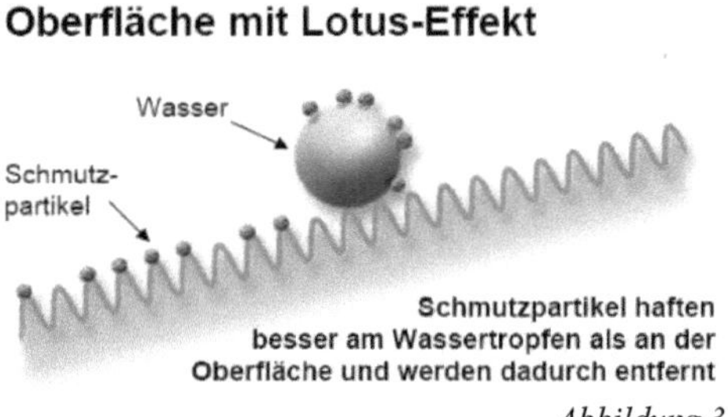

Oberfläche mit Lotus-Effekt

Schmutzpartikel haften besser am Wassertropfen als an der Oberfläche und werden dadurch entfernt

Abbildung 3

---

[5] Der Lotus-Effekt hat seinen Namen von der Lotuspflanze, bei der dieses Phänomen von Natur aus vorhanden ist und prinzipiell die gleichen Auswirkungen erzielt werden wie in der Technik.

Der Lotus-Effekt hängt aber nicht ausschließlich von der fühlbar rauen Oberfläche seines Bezugsmaterials ab. Eine weitere Voraussetzung ist eine Neigung der Fläche, welche man in diesem Zusammenhang als *Rollwinkel* (vgl. Anhang, **Abb. 12**) bezeichnet. Außerdem muss die Oberfläche *superhydrophob* sein, d.h. Wasser muss von ihr abperlen.

„Eine Fläche ist superhydrophob, wenn der **Kontaktwinkel** von Feststoff und Flüssigkeit über 160° liegt" ([11], S. 6 vom 26.10.2012, 16:01), wobei der Kontaktwinkel in Abhängigkeit von der jeweiligen Oberflächenstruktur berechnet werden kann.

Bei glatten Flächen verwendet man hier die *Young-Formel* (vgl. Abbildung 4).

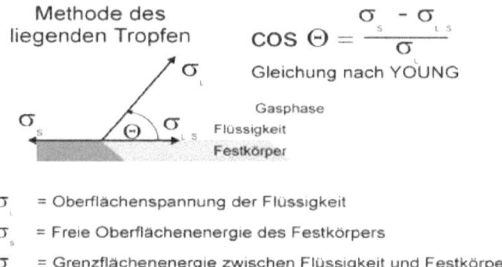

Abbildung 4

Die Oberflächenspannung gibt den Zusammenhang zwischen verrichteter Arbeit und sich daraus ergebender Oberflächengröße an, d.h. $\sigma = \frac{\Delta W}{\Delta A}$. Die Grenzflächenenergie beschreibt die Energie, die an einer Grenzfläche zwischen zwei unterschiedlichen Medien enthalten ist.

Durch Kenntnis dieser Werte durch Messung, Berechnung oder dem Ablesen aus einer Tabelle lässt sich dann der Kontaktwinkel θ berechnen.

Wie aber bereits erwähnt, ist zum Zustandekommen des Lotus-Effekts eine raue Oberfläche notwendig, bei welcher die Young-Formel nicht mehr gilt.

Um bei einer nicht glatten Oberfläche den Kontaktwinkel zwischen Wassertropfen und Material zu berechnen und damit bestimmen zu können, ob es sich um eine superhydrophobe Oberfläche handelt, ist es notwendig, die Kontaktwinkel mit Hilfe weiterer Gleichungen[6], die in Abhängigkeit zum Kontaktwinkel θ_{glatt} desselben Mediums mit einer glatten Oberfläche stehen, zu berechnen.

---

[6] Diese Gleichungen würden an dieser Stelle den Umfang des Themas sprengen und sind nicht aufgeführt, Gleichungen sind in [11], S. 12f. enthalten.

Doch wie kann man erreichen, dass eine Oberfläche nach seiner Herstellung auch wirklich superhydrophob ist und so der Lotus-Effekt auch wirken kann?
In erster Linie gibt es dafür zwei Möglichkeiten.

Die erste besteht darin, auf der Oberfläche kleine hydrophile Haare anzubringen, die einen Wassertropfen dann gewissermaßen anziehen und die Oberfläche so dann nicht benetzt wird. Dies ist allerdings mehr ein Phänomen, welches in der Natur z.B. auf Pflanzen auftritt. In der Technik und natürlich besonders im Bauwesen greift man eher darauf zurück, unmittelbar *raue Mikrostrukturen*[7], die die Oberfläche überziehen, herzustellen. Dies ist nach heutigem technischen Stand einfach durchführbar[8], sodass die Mikrostrukturen relativ kostengünstig industriell erzeugt werden können.

Zusammenfassend lässt sich beim Lotus-Effekt als nanotechnologischer Einsatz in der Bauindustrie festhalten, dass es sich dabei lediglich um die Ausnutzung eines klassischen oberflächenphysikalischen Prinzips handelt, welches schon seit langer Zeit bekannt ist. Dadurch, dass dieses Phänomen keine neue Entdeckung ist, ist er auch schon heute bei großen Bauwerken einsetzbar, insbesondere natürlich bei Wolkenkratzern, bei welchen der hohe Rollwinkel bereits von Natur aus gegeben ist und sehr leicht raue Mikrostrukturen in deren Oberflächen implementiert werden können.

---

[7] Dieser Mechanismus kommt dennoch auch bei Pflanzen von Natur aus vor.
[8] Eine Möglichkeit zur industriellen Produktion von rauen Mikrostrukturen besteht im so genannten *LIGA-Verfahren*, welches auf dem technischen Grundverfahren der *Lithographie* basiert. (für weiterführende Informationen, vgl. [11], **S. 17f.**)

3.2 Weitere Beispiele für intelligente Nanooberflächen

Neben dem Lotus-Effekt gibt es auch weitere Möglichkeiten, mit Rückgriff auf Nanotechniken selbstreinigende Oberflächen zu produzieren. Hierbei sind insbesondere die *Easy-to-clean-Oberflächen* (kurz: ETC) (vgl. [12] u. [13] vom 02.11.2012, 07:32) zu erwähnen. Dieses Prinzip ist dem des Lotus-Effekts zwar sehr ähnlich, aber mit dem Unterschied, dass es sich hier um äußerst glatte Oberflächen handelt. ETC wird letztendlich in fast allen Bereichen eingesetzt, wie zum Beispiel auch im Haushalt oder der Automobilindustrie. In der Bauindustrie können damit *Anti-Graffiti-Flächen* oder eben auch Wolkenkratzerfassaden produziert werden.

Neben der Selbstreinigung einer Gebäudeoberfläche ist ein weiteres Ziel der Nanotechnologie bei Großbauwerken der Umwelt- und Klimaschutz.
Die Nanochemie stellt hierfür eine Möglichkeit bereit: die Verwendung von Titandioxid auf Gebäudeoberflächen.
Titandioxid mit der Summenformel TiO_2 ist ein so genannter Photokatalysator, d.h. er beschleunigt lichtabhängige chemische Reaktionen – im hier erwähnten Falle die Umwandlung giftiger und umweltschädlicher Stickoxide NO_X in wasserlösliche und v.a. ungefährliche Nitrate, welche dann vom Regen abgewaschen werden.
Dies liegt daran, dass das Titan unter Sonneneinstrahlung dem Luftsauerstoff ein Elektron entzieht, wobei so genannter Aktivsauerstoff entsteht, welcher wiederum die Fähigkeit hat, der Luft Schadstoffe wie die Stickoxide zu entziehen. Abbildung 5 zeigt dieses Prinzip schematisch:

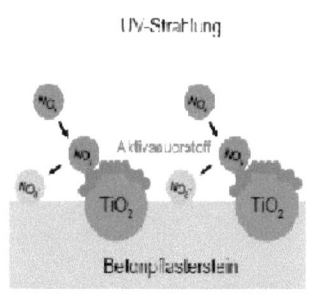
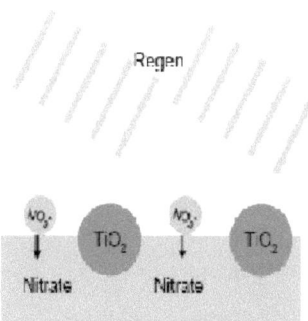

(vgl. [12] vom 31.10.2012, 14:05)

Abbildung 5

Warum diese Beschichtungen bedeutend sind, liegt auf der Hand: Titandioxid wird insbesondere bei Wolkenkratzern eingesetzt, welche wiederum v.a. in Großstädten und Metropolen vorkommen – genau dort, wo sich auch der meiste Smog in der Luft befindet.

Zusammenfassend lässt sich also festhalten, dass intelligente Oberflächen zwar nicht direkt die Statik und damit die Sicherheit eines Gebäudes beeinflussen können, aber dennoch einen wichtigen Stellenwert für die Bauwirtschaft und -industrie einnehmen, gilt der Klimawandel und Umweltschutz mittlerweile doch auch als Kernproblem beim Bau moderner Giganten wie fast 1000 Metern hohen Wolkenkratzern.

Der besondere Stellenwert intelligenter Oberflächen gerade bei Großbauwerken liegt also offensichtlich in erster Linie darin, den Schaden für die Umwelt, der durch solche großen Gebäude selbstverständlich automatisch größer ist, möglichst gut einzudämmen. Ästhetische Gründe spielen aber natürlich auch eine Rolle, wie v.a. zahlreiche Möglichkeiten zur Selbstreinigung von Gebäuden beweisen.

4. Fazit zur Bedeutung der Nanotechnik bei Großbauwerken mit Zukunftsausblick

Nachdem im Laufe dieser Arbeit zwei Beispiele für die Anwendung der Nanotechnologie bei Großbauwerken vorgestellt wurden und dabei immer wieder Vor- und Nachteile dieser jungen Wissenschaft behandelt wurden, bleibt nun die Frage zu beantworten, warum der Stellenwert der Nanotechniken gerade bei Großbauwerken so hoch ist.

Zunächst einmal ist es beispielsweise vielen Unternehmen wichtig, dass die Gebäudefassade ihrer meist riesigen Zentralen nach außen hin einen ästhetischen Wert für sich beanspruchen kann, um die Firma nach außen hin als nobel, seriös und bedeutend darzustellen. Nanomaterialien können einem Gebäude ein edles Aussehen verschaffen, da es z.B. durch selbstreinigende Glasfassaden von Verschmutzung verschont bleibt – insbesondere in Großstädten, in welchen Smog und Luftverschmutzung eine große Rolle spielt.

Oben genanntes Beispiel der Sauberkeit eines Gebäudes kann aber auch darauf übertragen werden, dass Nanotechnik Großgebäude praktischer macht. Selbstreinigende Wolkenkratzeroberflächen benötigen keine manuelle Reinigung, so dass keine Gefahr für das Reinigungspersonal besteht, verursachen keine Kosten und bieten immer eine optimale Optik.

Des Weiteren sind die bereits genannten Vorteile z.B. des UHPCs wie Brandresistenz oder die hohe Druck- und Zugfestigkeit besonders hervorzuheben, da sie es ermöglichen, in Zukunft noch höher, besser und sicherer zu bauen.

Doch hier stellt sich nun die Frage, ob es denn überhaupt nötig und sinnvoll ist, noch höher zu bauen, noch näher an die Grenzen zum Unmöglichen zu gehen. Diese Frage ist äußerst diffizil zu beantworten und muss differenziert betrachtet werden. Sie würde von jeder fachkundigen Person anders beantwortet werden, manche würden den Einfluss der Nanotechnik auf die Bauindustrie noch gerne steigern, andere sehen in ihr den Nachfolger des Asbests.

Was allerdings sicher festzuhalten ist, ist die Tatsache, dass die Nanotechnik keine ausgereifte Wissenschaft ist – in keiner der eingangs erwähnten Anwendungsgebiete – und wohl noch einige Zeit vergehen wird, bis man diese so kleinen Partikel vollständig beherrschen kann.

Doch die Vorteile der Nanotechnologien, die sich in der Theorie und auch schon in der anfänglichen Praxis ergeben, zeigen, dass man in der Bauindustrie der Zukunft wohl in der Tat auf diese in dieser Arbeit erläuterten kleinen Teilchen zählen kann – wie lang es bis zu dieser Ausreifung allerdings dauert, kann nur schwer beantwortet werden.

Verwendete Literatur:

[1] Fehling, Ekkehard; Schmidt, Michael; Teichmann, Thomas; u.a.: Entwicklung, Dauerhaftigkeit und Berechnung Ultrahochfester Betone (UHPC). Kassel 2005, S. 6/7.

[2] Dipl.-Ing. Nölden, Markus: Ultrahochleistungsbeton. Mehr Sicherheit für Bauwerke, Artikel in: Schüßler-Plan report II/08.

[3] Rümmelin, Andreas: Entwicklung, Bemessung, Konstruktion und Anwendung von ultrahochfesten Betonen. Diplomarbeit, Stuttgart 2005.

[4] Schmidt, Michael (Hg.); Bahnemann, Detlef; Haas, Karl-Heinz; u.a.: Nanotechnologie im Bauwesen. Nanooptimierte Hightech-Baustoffe. Kassel 2007.

[5] Stephan, Dietmar: Nanomaterialien im Bauwesen. Stand der Technik, Herstellung, Anwendung und Zukunftsperspektiven. Kassel 2011.

Verwendete Internetquellen:

[6] http://www.heidelbergcement.com/de/de/country/service/glossar/Druckfestigkeit_3begriffe.htm

[7] http://www.f2.fhtw-berlin.de/1619.html

[8] http://www.wohnbeton.at/Seiten/betontechnologie/01_2_festigkeit_des_betons.asp

[9] http://www.meiller.com/service/meiller-lexikon.html?tx_datamintsglossaryindex_pi1[uid]=8

[10] http://www.emi.fraunhofer.de/geschaeftsfelder/sicherheit/uhpc-in-tunnelbauwerken/

[11] http://www.uni-saarland.de/fak7/hartmann/files/docs/pdf/teaching/lectures/talks/SS07/Reichert%20Peter%20NanostrukturierteMaterialien.pdf

[12] http://www.rkw-kompetenzzentrum.de/uploads/media/2010_MA_Nano-am-Bau.pdf

[13] http://www.cleancorp.de/inhalt_easytoclean_deutsch.html

[14] http://www.hessen-nanotech.de/mm/NanoBau_final_Internet.pdf

[15] http://www.lotus-effekt.de/funktion/index.php

[16] http://mobilecheck.info/wp-content/uploads/2012/05/lotuseffekt-1.jpg

[17] http://www.elkage.de/src/public/showterms.php?id=3314

[18] http://wiki.polymerservice-merseburg.de/index.php/Bruchentstehung

[19] http://www.gaertnerplatzbruecke.de/

[20] http://www.vditz.de/fileadmin/media/publications/pdf/band62.pdf

Anhang A
Weitere Abbildungen

UHPC	Menge	Eigenschaften des UHPC
Zement	733 kg/m³	Wasser-Zement-Verhältnis (w/z) 0,24
Basaltsand 0/2,5 mm	1.091 kg/m³	Wasser-Feststoff-Verhältnis (w/f) 0,19
Silikastaub	230 kg/m³	Druckfestigkeit mit 1 Vol.-% Stahlfasern
Stahlfasern (0,99 Vol.-%)	78 kg/m³	179 N/mm²
Quarzmehl	183 kg/m³	Biegezugfestigkeit 19,6 N/mm²
Fließmittel	28,6 kg/m³	
Wasser	161 l/m³	

Abb. 6: Zusammensetzung der *Kasseler Mischung*

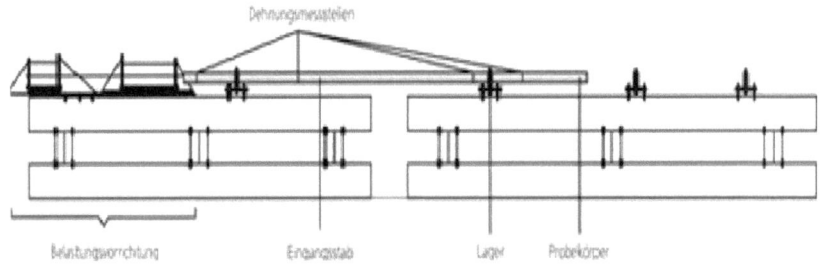

Abb. 7: Schematischer Aufbau des *Hopkinson-Bar-Versuchs*

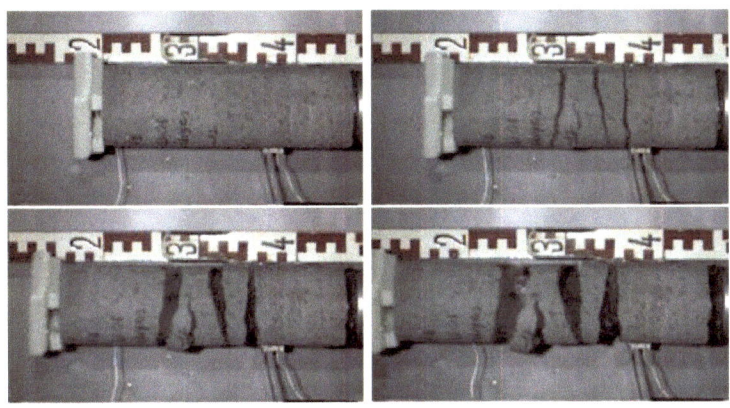

Abb. 8: Der *Fragmentierungsprozess* bildlich dargestellt.

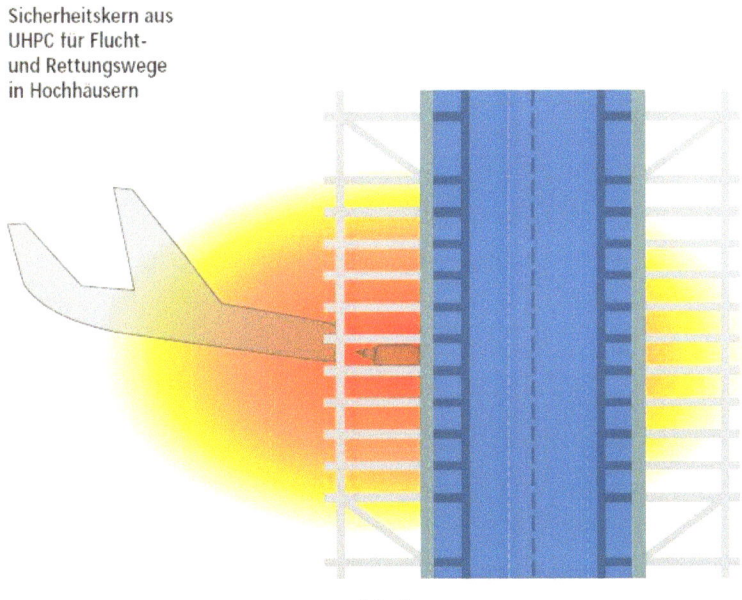

Sicherheitskern aus
UHPC für Flucht-
und Rettungswege
in Hochhäusern

Abb. 9

Abb. 10

Abb. 9, 10 u. 11: Rettungskern aus UHPC in einem Hochhaus.

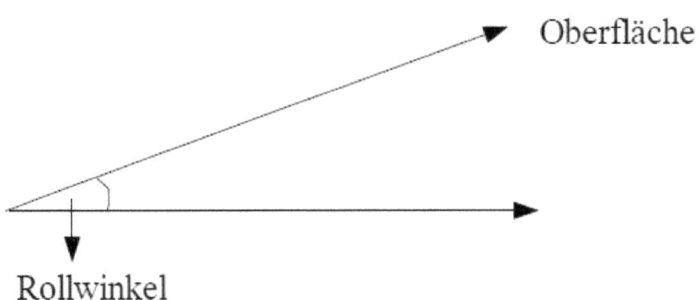

Abb. 12: Definition des *Rollwinkels*

Anhang B

Abbildungsverzeichnis

- *Abbildung 1* aus **[8]**
- *Abbildung 2* aus **[10]**
- *Abbildung 3* aus **[16]**
- *Abbildung 4* aus **[11]**, S. 8
- *Abbildung 5* aus **[12]**, S. 10
- *Abbildung 6* aus **[12]**, S. 6
- *Abbildung 7* aus **[10]**
- *Abbildung 8* aus **[10]**
- *Abbildung 9* aus **[2]**
- *Abbildung 10* aus **[2]**
- *Abbildung 11* aus **[2]**
- *Abbildung 12* aus **[11]**, S. 4